BEI GRIN MACHT SICH IHR WISSEN BEZAHLT

- Wir veröffentlichen Ihre Hausarbeit,
  Bachelor- und Masterarbeit

- Ihr eigenes eBook und Buch -
  weltweit in allen wichtigen Shops

- Verdienen Sie an jedem Verkauf

Jetzt bei www.GRIN.com hochladen
und kostenlos publizieren

Korinna Senge

Unterrichtsstunde: Dubai

GRIN Verlag

Bibliografische Information der Deutschen Nationalbibliothek:

Die Deutsche Bibliothek verzeichnet diese Publikation in der Deutschen National-
bibliografie; detaillierte bibliografische Daten sind im Internet über http://dnb.d-
nb.de/ abrufbar.

Impressum:

Copyright © 2009 GRIN Verlag GmbH
Druck und Bindung: Books on Demand GmbH, Norderstedt Germany
ISBN: 978-3-640-31606-9

Dieses Buch bei GRIN:

http://www.grin.com/de/e-book/124366/unterrichtsstunde-dubai

Universität Bayreuth

Geographie

Didaktik der Geographie

<u>Proseminar zur Didaktik der Geographie</u>

<u>(Blockkurs: 08.11.2008, 09.11.2008, 23.11.2008)</u>

Wintersemester 2008/ 2009

<u>Teilnehmer/in</u>

Name/ Vorname: Korinna Senge

Studiengang: Lehramt RS

Bayreuth, 07.03.2009

Inhaltsverzeichnis

<u>Literatur – und Quellenverzeichnis</u>

http://www.abudhabitravel.net/80,0,die-vereinigten-arabischen-emirate,index,0.html Stand: 11.01.2009

http://www.ahgz.de/news/pages/pics/show/200803131639_palm.jpg

http://de.wikipedia.org/wiki/Dubai Stand 04.01.2009

http://www.dubai-informationen.com/geografische_lage_dubai.html Stand: 05.01.2009

http://www.focus.de/immobilien/kaufen/dubai_aid_25577.html Stand: 25.02.2009

http://www.kellogg.northwestern.edu/student/club/meaba/Spec.%20Burj%20Al%20Arab%20web%20lay-out.jpg Stand 27.02.2009

http://www.pervan.de/reiseberichte/u/p21981.jpg Stand 27.02.2009

http://www.umweltjournal.de/fp/archiv/AfA_bauenwohnengarten/13202.php Stand: 27.02.2009

Marco Polo. Dubai. Vereinigte Arabische Emirate. 2008.

Planung einer Unterrichtsstunde

Thema 3: Dubai

1. Sachanalyse

Dubai, das Emirat am persischen Golf, welches weltweit für Luxus, Innovation und Globalisierung steht, soll Thema der vorzubereitenden Unterrichtsstunde sein.

Dabei soll vor allem der Reichtum des Landes im Fokus stehen und die dafür verantwortliche Wirtschaftspolitik. Hierbei werden besonders der Tourismus und die Erdölwirtschaft, als dominierende Wirtschaftszweige beleuchtet. Dabei ist es wichtig Schlussfolgerungen und Zusammenhänge zwischen diesen Punkten zu ziehen.

Wie bereits erwähnt liegt Dubai, als „ (…) zweitgrößtes Emirat der Vereinigten Arabischen Emirate (…)"[1], kurz VEA, am persischen Golf auf der Arabischen Halbinsel. Die VEA sind der „ (…) Zusammenschluss der sieben Emirate Abu Dhabi, Dubai, Sharjah, Fujairah, Ras Al Khaimah, Ajman und Umm Al Qaiwain (…)".
Dieser Verbund liegt an der südöstlichen Küste des Arabischen Golfs."[2] Im Nordwesten grenzt Katar, im Westen Saudi- Arabien und im Osten der Oman an die VEA. Den Mittelpunkt Dubais bildet die Stadt Dubai, die durch künstliche Bewässerung eine grüne Oase darstellt. Hier lebt der überwiegende Teil der Gesamtbevölkerung, da die weiteren Teile des Emirats fast ausschließlich aus Wüste bestehen und für den Menschen eine Anökumene darstellt. In der Stadt spielt sich demnach fast das gesamte politische, wirtschaftliche und soziale Leben ab.

Dubai war schon in seinen Anfängen ein wichtiger Dreh- und Angelpunkt des regionalen und internationalen Handels. So begann der Weihrauchhandel 1000 v. Chr. von Südarabien bis zum Mittelmeer.
Von 1507 bis 1650 n. Chr. stand Dubai unter portugiesischer Herrschaft.

Im 18. Jahrhundert übernahm die britische East India Company die Führung der Hafenstädte am persischen Golf. Mitte des 19. Jahrhunderts schließt das Königreich Großbritannien Protektoratsverträge mit dem Emirat und war somit befugt außenpolitische Entscheidungen zu treffen.[3]

Mit den ersten Erdölfunden 1958 wurde der Weg zur gewinnbringenden Mineralölindustrie geebnet.[4]
1970 verließen die britischen Truppen Dubai, von da an übernahm Dubai selbst die Verteidigung des Landes sowie die Außenpolitik.

Aus dem 1971 geschlossenen Trucial Coast Vertrag wurden wenig später, unter der Führung Abu Dhabis, die Vereinigten Arabischen Emirate. Dubai stellt hierbei die wichtigsten Regierungsämter der VEA.

Während der gesamten letzten Jahrzehnte konnte Dubai ein stetiges Wirtschaftswachstum verzeichnen. Die Politik Dubais trägt einen wesentlichen Anteil am gewaltigen Wachstum, da u.a. nur einige wenige Vorschriften existieren die den Wirtschaftsverkehr beschränken[5]. Zudem ist die Infrastruktur sehr gut ausgebaut, es gibt neue Straßen, einen großen Überseehafen sowie einen modernen Interkontinentalflughafen. Kritisch sind jedoch die geringen Umweltschutzauflagen zu betrachten, auf der einen Seite steht das enorme Wachstum, auf der anderen Seite die Ausbeutung der Natur! Nur geringe Kontrollen gibt es auch im Bereich der Finanzen und Geschäftsverwaltung. Das ist ein Grund warum zahlreiche Investoren Dubai als ein sogenanntes Steuerparadies schätzen.

Die Erdölvorkommen waren lange Zeit das Fundament der blühenden Wirtschaft, so konnten gigantische Infrastrukturprojekte finanziert werden. Dennoch weisen Prognosen, der Experten, auf eine Erschöpfung des Erdöls bis 2030 hin[6]. Aus diesem Grund fördert Dubai weitere Wirtschaftsstandpunkte. Durch die gezielte

---

[1] Quelle: http://www.dubai-informationen.com/geografische_lage_dubai.html Stand: 05.01.2009
[2] [2]Quelle: http://www.abudhabitravel.net/80,0,die-vereinigten-arabischen-emirate,index,0.html Stand: 11.01.2009
[3] Quelle: Vgl. Marco Polo. Dubai. Vereinigte Arabische Emirate. 2008. S. 10
[4] Quelle: http://www.abudhabitravel.net/80,0,die-vereinigten-arabischen-emirate,index,0.html Stand: 04.01.2009

[5] Es gibt in Dubais weder Einkommenssteuern noch Unternehmenssteuern mit Ausnahme der Geldinstitute und Erdölunternehmen.
Zudem wird den Investoren in den Freihandelszonen (Beispiele: Jeben, Ali Free Zone, Dubai Healthcare City) eine 50jährige Steuerfreiheit garantiert.
Seinen Staatshaushalt finanziert Dubai fast ausschließlich durch Einnahmen aus dem Erdölhandel, Zöllen und durch die geringen indirekten Steuern
[6] Quelle: http://de.wikipedia.org/wiki/Dubai Stand 04.01.2009

Wirtschaftspolitik wuchsen Handel, die Finanzbranche und der Fremdenverkehr und Dubai konnte sich von seiner Abhängigkeit zur Erdölindustrie loslösen.

Besonders der Tourismus, mit seinem rapiden Wachstum, bietet eine enorme Finanzkraft. So blickte spätestens im Jahr 2000, mit der Eröffnung des Luxushotels „Burj Al Arab", die gesamte Welt auf Dubai.
Dubai etablierte sich nun mehr zu einem Ort des glamourösen Weltklassetourismus. Es entstehen immer noch mehr und mehr Luxusresorts, Einkaufscentren und andere Aufsehen erregende Bauvorhaben.

Besonders das soziale Leben der Einwohner Dubais könnte unterschiedlicher nicht sein. Den Großteil der Einwohner, 85 Prozent, bilden Ausländer, welche zum größten Teil als Arbeitsmigranten in das Land geholt wurden. Der überwiegende Anteil dieser Migranten stammt aus südasiatischen Ländern, welche jedoch nicht sehr wohlhabend sind. Viele von ihnen arbeiten auf den zahlreichen Baustellen. Der wohlhabenden Bevölkerungsschicht gehören lediglich die einheimische Bevölkerung und hochqualifizierte Einwanderer, aus Nordamerika oder Europa, an. Insgesamt leben in Dubai circa 68.000 Millionäre, das macht einen Anteil von knapp 5 Prozent der Bevölkerung aus.

Die vorherrschende Religion in Dubai ist der Islam und er bestimmt den Alltag vieler in Dubai lebender Menschen.[7]

2. Didaktische Analyse

2.1. Didaktische Reduktion (Bildungsgehalt)

Eingeleitet wird das Thema Fotographien, die landestypische Merkmale von Dubai zeigen, darunter das weltberühmte Hotel „Burj Al Arab"[8], der künstlichen Insel „Palm Island"[9] und ein Foto auf dem zwei Beduinen in Dubais Wüste zu sehen sind.[10] Die Schüler sollen sich zunächst die Bilder in Ruhe ansehen, anschließend werden diese von einigen Schülern beschrieben. Die Schüler versuchen dann Rückschlüsse zu ziehen, welches Land bzw. welcher Kulturerdteil, auf den Fotographien zu sehen ist. Durch die Bilder werden die Schüler visuell an das Stundenthema herangeführt. Sinn und Zweck der Einleitung ist, dass sie erfahren welches Land im Fokus der Stunde steht und welchem Kulturerdteil es zugeordnet wird.

Im Anschluss folgt sogleich die geographische Einordnung des Kulturerdteils und Dubais. Hierbei wird Dubai an der Wandkarte gezeigt um der Klasse die Lage Dubais auf der Welt zu zeigen.

Daraufhin sollen die Schüler, mit Hilfe der Atlaskarte, die wichtigsten Rohstoffe in Dubai mündlich zusammentragen. Dabei liegt der Fokus auf dem Rohstoff Erdöl. Die Bestimmung der Rohstoffe ist von enormer Relevanz, denn im weiteren Verlauf soll den Schülern bewusst werden, dass die Mineralölindustrie die erfolgreiche wirtschaftliche Entwicklung in Dubai ermöglichte. Durch dieses Wissen ist es den Schülern möglich diese Entwicklung logisch nach zu vollziehen. Mit dem Medium Atlas wird, zum einem die Verbreitung der Rohstoffe im Land veranschaulicht und ebenso um der Umgang mit Karten und deren Legenden geschult.

Daraufhin werden einige Schüler aufgefordert den ersten Abschnitt des Textes auf dem Arbeitsblatt laut vorzulesen. Auf diese Weise üben die Schüler Vorlesen, sowie das Sprechen vor der Klasse.
Je öfter die Schüler vor der Klasse sprechen, desto selbstsicherer werden sie in ihrem Auftreten.

---

[7] Quelle: http://www.dubai-informationen.com/traditionelle-kultur-und-lebensart.html Stand: 17.12.2008
[8] Quelle: http://www.kellogg.northwestern.edu/student/club/meaba/Spec.%20Burj%20Al%20Arab%20web%20lay-out.jpg Stand 27.02.2009
[9] Quelle: http://www.dubai-immo.com/images/palm-island.jpg
[10] Quelle:
http://images.google.de/imgres?imgurl=http://www.pervan.de/reiseberichte/u/p21981.jpg&imgrefurl=http://www.pervan.de/reiseberichte/Bild*Beduinen_in_der_Wuste*21981&usg=__0KO8hmJi5o7T-3_EhKF0XMTD-Ys=&h=371&w=480&sz=26&hl=de&start=3&sig2=VaIpMx2QAwt2T9vp4Y0w9A&tbnid=ZVQJOliJbwZa4M:&tbnh=100&tbnw=129&ei=_iioSc3TLYqc0AW948DLAg&prev=/images%3Fq%3Dbeduinen%2Bin%2Bdubai%26hl%3Dde%26sa%3DG

Des Weiteren liefert der Text neue Fakten zum Thema, die eine Voraussetzung, für den nachfolgenden Stundenverlauf, darstellen.

Durch gezielte Fragen des Lehrers im Anschluss, soll der Inhalt von den Schülern nochmals kurz zusammen gefasst werden. Auch hier wird wieder das Sprechen vor der Klasse geübt, wie auch das Wiedergeben eines Textes mit eigenen Worten.

Damit die Schüler ernsthaft versuchen den Inhalt mit ihren eigenen Worten wiederzugeben, sollte dies ausdrücklich erwähnt werden und auch die mündlichen Fragen gezielt gestellt werden. Zum Beispiel: „Auf der einen Seite ist das Erdöl sehr wichtig für Dubais Wirtschaft, doch was sollte Dubai gerade heute beachten?" Weiterhin hat das nochmalige Erfragen des Inhaltes, durch den Lehrer, die Funktion eventuelles Unverständnis bzw. Fragen der Schüler zu klären. Auch der zweite Abschnitt des Textes, wird abwechselnd von Schülern vorgelesen. Danach sollen erneut die wichtigsten Inhalte von den Schülern verständlich zusammengefasst werden. Auch an dieser Stelle sollte wieder Platz für Fragen und Anregungen geboten werden.

Die Informationen die, die Schüler nun erhalten haben, bilden die Grundlage für den folgenden Unterrichtsabschnitt. Es gilt nun die Aufgabe auf dem Arbeitsblatt zu erfüllen.

Hierbei finden sich Gruppen, zu je 4 Schülern, zusammen. Die Wahl der Gruppen wird durch das Einbringen eines Energizers aufgelockert, die Schüler stellen sich der Größe nach, in einer Reihe auf und die 4 Schüler, die jeweils nebeneinander stehen, bilden eine Gruppe. So entsteht eine gewisse Dynamik in der Klasse, zum einem haben die Schüler die Möglichkeit kurz aufzustehen und sich zu bewegen, zum anderen bilden sich so nicht immer die gleichen Gruppenzusammensetzungen. Auf diese Art und Weise gestaltet sich die Zusammenarbeit unter den Schülern sehr abwechslungsreich.

In der Gruppe haben die Schüler nun die Aufgabe, sich mit den Aussagen der Interviewpartner, sowie mit den faktischen Informationen auseinanderzusetzten und einen kreativen, kritischen Artikel zu schreiben. Um das Engagement der Klasse anzuregen wird die Gruppenarbeit als kleiner Wettbewerb aufgezogen. Als Preis winken die Veröffentlichung des Artikels in der Schülerzeitung und eine Urkunde für den „cleversten Journalisten der Klasse". Die Gruppenarbeit dient zur abwechslungsreichen Gestaltung des Unterrichts. Weiterhin lernen die Schüler den Arbeitsauftrag gemeinsam zu erfüllen. Dabei stehen Fairness und Gleichberechtigung innerhalb einer, zufällig zusammengesetzten, Gruppen im Mittelpunkt, d.h. die Schüler lernen dabei die Aufgaben untereinander gerecht aufzuteilen. Des Weiteren soll den Schülern bewusst werden, dass man gemeinsam mehrere kreative Ideen umsetzten kann und so auch voneinander lernen kann. Während der gesamten Gruppenarbeit hält sich der Lehrer überwiegend bewusst im Hintergrund, so bekommen die Schüler das Gefühl selbständig und selbstverantwortlich zu arbeiten. Wichtig ist es jedoch alle Gruppen zu beobachten um eventuellen Ungerechtigkeiten, zum Beispiel bei der Arbeitsaufteilung, entgegen zu wirken. Natürlich steht der Lehrer auch jeder Zeit als Ansprechpartner, für eventuelle Fragen, zur Verfügung.
Der Sprecher der Gruppe wird von den Schülern selbst bestimmt und trägt den, gemeinsam erarbeiteten, Artikel der Klasse vor.

Die Bestimmung des Sprechers ist hierbei auch ein Teil der Arbeitsteilung in der Gruppe, die von den Schülern selbstverantwortlich entschieden wird. Außerdem trainiert solch ein Kurzvortrag erneut das Sprechen vor der Klasse.

Zum Abschluss der Stunde bestimmt die Klasse den besten Artikel. Hierbei lernen die Schüler sich gegenseitig fair einzuschätzen.

2.2. Lehrplanbezug

Die Unterrichtseinheit befindet sich im Lehrplan der bayrischen Realschulen, in der 7. Klassenstufe, in der Lehrplanebene 3, unter dem Punkt Ek.7.4. Orient. Die Schüler lernen in dieser Unterrichtseinheit den Kulturerdteil des Orients kennen.

Die geplante Unterrichtsstunde zum Thema Dubai kann unter dem Punkt „Erdöl als prägender Faktor: Veränderung des Raumes und der Lebensweisen." eingeordnet werden. Dubai ist hier ein perfektes Beispiel für dieses Thema, da sich der Raum und die Lebensweise aufgrund der Mineralindustrie verändert haben. Weiterhin steht neben dieser Veränderung auch die Umwelterziehung, aus der Lehrplanebene 1, im Mittelpunkt. Die Lehrplanebene 1 des Lehrplanes der bayrischen Realschulen besagt, dass die Schüler zu einem Verantwortungsbewusstsein, gegenüber der Natur und der Umwelt, erzogen werden sollen.

Für die Unterrichtseinheit wird eine Stunde benötigt. Die gesamte Unterrichtssequenz beansprucht dagegen etwa 8 Unterrichtsstunden.

2.3. Unterrichtliche Zugänglichkeit

Das Thema Dubai, unter dem Schwerpunkt der sich verändernden wirtschaftlichen Lage und deren Zukunftsaussichten, ist für den Schüler in so fern interessant, dass neben der Erdölwirtschaft besonders auf den Tourismus Dubais eingegangen wird. Als Beispiel dient hier der faszinierende Bau einer künstlichen Insel mitten im Meer. Solch gigantische Bauvorhaben wirken oftmals in faszinierender Weise auf die Schüler.   Ferner ist der Tourismus an sich als Thema sehr greifbar für die Schüler, obgleich sie selbst schon einmal in Dubai oder in einem anderen (fremden) Land einen Urlaub verbracht haben.

Ebenso ist auch die Mineralölwirtschaft ein Thema, welches alle Menschen auf der Welt betrifft, als Beispiel seien die steigenden Benzinpreise genannt. Natürlich ist zu beachten, dass die Schüler einer 7. Klasse der Realschule noch nicht persönlich mit dieser Problematik in Berührung gekommen sind, ferner besteht jedoch die Möglichkeit, dass ein solches Problem, wie die steigenden Energie- und Benzinkosten, bereits in der eigenen Familie angesprochen wurden. Wichtig ist aber allenfalls, dass den Schülern an Hand des Unterrichtsthemas aufgezeigt werden kann aus welchen Gründen diese Preise stetig steigen, einer dafür ist der Mineralölschwund.

Gegenwartsbedeutung:

Bezüglich verschiedener Sichtweisen hat das zu behandelnde Thema eine eingehende Gegenwartsbedeutung. Wie bereits, unter dem oben stehenden Punkt der „Unterrichtlichen Zugänglichkeit" erläutert, sind die steigenden Energie- und Benzinpreise ein, oft diskutiertes, Problem unserer Zeit. Der Bezug eines Schülers der 7. Klasse zu den steigenden Preisen ist natürlich noch distanziert, jedoch kann das Thema der Unterrichtsstunde den Schülern einen Grund, für die Preissteigerung erläutern, der Schwund der Erdölvorkommen, am Beispiel von Dubai.   Eine andere wichtige Bedeutung ist die Umwelterziehung. Die Schüler lernen Umweltprobleme kritisch zu betrachtet, realisiert wird dies durch die Möglichkeit in die Rolle eines Journalisten zu schlüpfen. So setzten sich die Schüler auf eine spielerische, interessante Art und Weise mit dem Problem auseinander.
Auf diese Weise soll das Verantwortungsbewusstsein für die Natur und die Umwelt der Schüler geweckt werden. (Lehrplanebene 1)

Zukunftsbedeutung:

Ähnlich wie in der Gegenwartsbedeutung wird den Schülern die Wichtigkeit des Umweltschutzes deutlich. Durch einen angemessenen Umgang und sowie Umweltgesetzten ist es möglich in Zukunft eine gesunde Umwelt zu schaffen. Auch die Verantwortung für nachfolgende Generationen ist enorm wichtig.

Der Blick in die Zukunft ist ebenso in wirtschaftlicher Hinsicht essentiell. Am Beispiel der Mineralölvorkommen wird der Klasse besonders deutlich, das Rohstoffe endlich sind und sich ein Land nicht einzig und allein auf die Förderung und den Verkauf eines oder weniger Rohstoffe begrenzen sollte.   Sondern dagegen nach alternativen Wirtschaftszweigen suchen, bzw. diese fördern muss.

Zu erkennen ist an dieser Stelle, dass die Probleme der heutigen Zeit auch eine wichtige Rolle in der Zukunft spielen werden, wenn wir nicht lernen, in einem gesunden Verhältnis zu unserer Umwelt zu stehen und sinnvoll mit den, nichterneuerbaren, Ressourcen zu wirtschaften. Die Schüler soll bewusst werden, dass unser aller Handeln in der Gegenwart Folgen auf unsere Zukunft hat.

<u>Exemplarische Bedeutung:</u>

Die Unterrichtstunde soll die sich wandelnde Wirtschaft Dubais verdeutlichen, aber auch auf die Probleme hinweisen, die dieser Wandel nach sich zieht. An einem speziellen Beispiel, den Bau der künstlichen Insel, werden die Probleme aufgezeigt. Mit Hilfe der Gruppenarbeit setzten sich die Schüler intensiver mit diesem speziellen Beispiel auseinander, welches an dieser Stelle der Bau der künstlichen Inselgruppe ist und welche Folgen dies für die Umwelt und die Menschen hat. Weiterhin wird der Strukturwandel eines Landes durch sich verändernde wirtschaftliche Gegebenheiten bestimmt.

2.4. <u>Lernziele</u>

a.) Lernziel: Die Schüler können das Emirat Dubai geographisch einordnen und kennen den dazugehörigen Kulturerdteil.

b.) Lernziel: Die Schüler kennen die wirtschaftliche Situation in Dubai und können diese in ihren Grundzügen erklären.

c.) Lernziel: Die Schüler kennen die ökologischen Probleme Dubais, die sich aus dem Bau künstlich geschaffener Inseln ergeben und können diese kritisch beurteilen.

3. Analyse der Methoden und Medien

Die Bilder, die der Klasse zu Beginn der Stunde gezeigt werden, leiten den Unterricht ein. Dadurch, dass die Schüler landestypische und auch weltberühmte Bauwerke auf den Abbildungen sehen, bekommen sie einen ersten Bezug zum Thema. Die Schüler haben nun die Aufgaben sich die Bilder zuerst anzusehen, daraufhin sie zu beschreiben und im letzten Schritt Vermutungen anzustellen um welches Land oder auch um welchen Kulturerdteil es sich handeln könnte. Eventuell kann an dieser Stelle, der Begriff „Kulturerdteil" nochmals kurz erläutert werden. Durch diese Bilder wird das Interesse geweckt, da gerade solch spektakuläre Bauvorhaben wie die künstlich geschaffene Insel, oder ein weltberühmtes Luxushotel, eine faszinierende Wirkung auf die Schüler haben. Als weitere Medien dienen sowohl die Wandkarte als auch der Atlas. Die Wandkarte verdeutlicht den Schüler wo genau sich das Emirat befindet. Im Atlas erkennen sie welche Rohstoffe gefördert werden. Beide Medien trainieren den Umgang mit Karten. Die Schüler lernen hierbei Karen richtig zu lesen und auch die Legende der Karte zu deuten.
Der Text auf dem Arbeitsblatt gibt den Schülern wichtige Informationen, die wie, bereits in der didaktischen Analyse erwähnt, essentiell für den weiteren Stundenverlauf sind. Durch das Vorlesen des Textes üben die Schüler neben dem fließenden Lesen von Texten auch das Sprechen vor der Klasse. Anschließend sind die Schüler gefragt die relevanten Informationen des Textes kurz, mit eigenen Worten, wieder zu geben. Um den Schülern deutlich zu machen, dass sie versuchen sollen, bei der Inhaltsangabe mit eigenen Worten zu arbeiten, sollte die mündliche Aufgabe auch dem entsprechend gestellt werden, bzw. gezielte Fragen gestellt werden. (siehe didaktische Analyse)

Die Gruppenarbeit soll bewirken, dass die Schüler lernen miteinander zu arbeiten und ihnen ermöglichen, kreativ zu sein. Zum anderen soll durch die Methode Gruppenarbeit die Arbeitsatmosphäre der Schüler aufgelockert werden und eine Abwechslung zum selbsttätigen Arbeiten bieten. Die Gruppenarbeit soll als Wettbewerb gelten, damit bei den Schülern ein Konkurrenzdenken entwickelt wird, welches diese motiviert die Aufgabe schnell und genau zu lösen.

4. **<u>Unterrichtsverlauf</u>**

Zeit	Unterrichtsphase	Unterrichtsinhalte	Methoden	Medien
8:00Uhr – 8.01Uhr	<u>Begrüßung</u>	-Begrüßung der Klasse		
8.01Uhr – 8.08Uhr	<u>Einstiegsphase</u>	-Einführung in das Thema „Dubai"	-Aktives Sehen und Beschreiben	-Bilder mit den landestypischen Merkmalen Dubais werden gezeigt, dazu wird, wenn vorhanden, einen Visualizer oder Overheadprojector genutzt
8.08Uhr – 8.12Uhr	<u>1.Erarbeitungsphase</u>	-Beschreibung der topographischen Lage Dubais	- Aktives Sehen und Beschreiben -Schüler- Lehrer- Gespräch	-Wandkarte
8.12Uhr – 8.22 Uhr	<u>2.Erarbeitungsphase</u>	-Aufzählung der wichtigsten Rohstoffe in Dubai	-lesen und Auswerten der Atlaskarte Im Schüler- Lehrer- Gespräch	-Atlas
		-wirtschaftliche Situation Dubais	-Vorlesen des Textes auf dem Arbeitblatt1 -Zusammenfassung der jeweiligen Abschnitte durch Schüler- Lehrer- Gespräch	-Arbeitsblatt 1
8.22Uhr – 8.25 Uhr	<u>Überleitung zur 3. Erarbeitungsphase</u>	-Einteilung der Gruppen	-Energizer	Die Klasse steht auf und stellt sich, der Größe nach in einer Reihe auf, danach bilden immer die 4 Schüler die nebeneinander stehen eine Gruppe
8.25Uhr – 8.40Uhr	<u>3.Erarbeitungsphase</u>	-Ökologische Probleme die durch den Bau künstlicher Inseln entstehen	-Gruppenarbeit	-Arbeitsblatt 1- 3
8.40Uhr – 8.45Uhr	<u>Sicherungsphase</u>	-Vortrag der geschriebenen Artikel	-Schülervorträge	-der Gruppensprecher (von der Gruppe gewählt) trägt vor

Unter Umständen, könnte es der Fall sein, dass nicht alle Gruppen ihre Arbeit beenden können, sollte dies der Fall sein, ist es möglich den Abschluss der Gruppenarbeit (Vortrag der Artikel) in die drauf folgende Stunde zu verlegen.

1   <u>Von der Wüste zur grünen Oase</u>

<u>Der faszinierende Wandel von Dubai City</u>

Dubais Erfolgsgeschichte beginnt Vor gerade einmal 51 Jahren.

Im Jahr 1958 machten die ersten Erdölfunde Dubai zu einem der reichsten Länder der Welt, denn die Erdölwirtschaft ebnete den Weg für neue Investitionen und Bauprojekte.

Diese wurden besonders in Dubai City umgesetzt und machten die Stadt schnell zu einem Symbol für Reichtum und Luxus. Denn der Rohstoff Erdöl ist in allen Ländern der Erde sehr gefragt, aus dem Mineralöl wird zum Beispiel das Benzin für Autos- und Flugzeuge gewonnen, oder auch das Heizöl, um unsere Häuser warm zu halten. In den letzten Jahren stiegen allerdings die Benzinpreise, fast überall auf der Welt, immer weiter an. Ein Grund dafür ist, dass die Erdölreserven mehr und mehr erschöpft sein werden. Experten zufolge reichen die Vorräte an Mineralöl nur noch etwa 30 Jahre. Aus diesem Grund sucht und fördert Dubai neue Wirtschaftszweige, um weiterhin genügend Geld zur Verfügung zu haben.

Doch was gibt es für wirtschaftliche Alternativen?

Aufgrund des Schwundes setzt das Emirat seine Milliarden- Erlöse aus der Mineralölwirtschaft gezielt ein. So sollen der Tourismusbranche, dem Handel, der Finanzwirtschaft und der Industrie auf die Sprünge geholfen werden. Auf diese Weise wurde ein regelrechter Bauboom ausgelöst. Weiterhin werden die Investitionen durch eine simple, sowie erfolgreiche Wirtschaftspolitik unterstützt, so gibt es in Dubai nur wenig Bürokratie, niedrige Energiekosten und geringe Steuern.

Der Tourismus konnte sich als einer der wichtigsten Wirtschaftszweige in Dubai durchsetzten.   Als Anreiz für Touristen wirken viele Vorzeigeprojekte, wie zum Beispiel das einzige 7 Sterne Hotel der Welt, das „Burj Al Arab ", die größte künstliche Inselgruppe der Welt „Palm Island ", gigantische Einkaufszentren, blühende Gärten und beleuchtete Wüstenautobahnen.
So sind immer neue, spektakuläre Bauprojekte in Planung, die für die Urlauber keine Wünsche offen lassen.

Doch all dieser Luxus und die gigantischen Bauprojekte fordern seinen Preis. Besonders die ökologischen Folgen werden von Dubais Regierung unterschätzt.

Aufgabe: (Gruppenarbeit mit je 4 Schülern):

Als erfolgreiche Reporter der Zeitung „Umwelt Aktuell" schreibt ihr einen kritischen Artikel, der sich mit den Bau der künstlichen Inseln „The Palm" in Dubai befasst. Geht dabei besonders kritisch auf die ökologischen Folgen ein! Nutzt als Hilfe die Aussagen eurer Interviewpartner

Palm Islands

- Palm Island sind 3 künstliche Inselgruppen: "The Palm, Jebel Ali " ; „The Palm, Jumeirah " ; „The Palm, Deira"

- Jede der 3 Inselgruppen ist in Form einer Palme angelegt

- Größe der Inselgruppe: die Inseln erreichen eine Fläche von etwa 50 Quadratkilometern, das ist ca. 25 mal die Fläche von Monaco

„The Palm, Jumeirah " :

- Beginn der Bauarbeiten im Jahr 2001 und bis heute beinahe beendet

- Jumeirah besteht aus 3 Abschnitten: dem Stamm, den Palmenwedeln und dem Sichelmond, der die Palmenwedel umgibt und als Schutz vor Sturmfluten dient

- Stammlänge: 4 Kilometer

- Insgesamt 17 Palmenwedel

- Im Südosten ist die Inselgruppe über eine 300 Meter lange Brücke mit dem Festland verbunden

- Sichelmond am Ende der Inselgruppe: Länge von 12 Kilometern

- Auf dem Sichelmond befinden sich ein großer Hotel- und Vergnügungskomplex

- Die weiteren zwei Inselgruppen „Jebel Ali" nd „Deira " befinden sich derzeit noch im Bau und sind im ähnlich aufgebaut

Interview

George (29 Jahre, Greenpeace Mitarbeiter):

„Die künstlichen Inseln haben enorme Wasserprobleme zur Folge und schädigen den submarinen Lebensraum nachhaltig! Besonders kritisch zu betrachten ist die mangelnde Wasserzirkulation im Bereich der Inseln. Gravierende Probleme traten deswegen bei der Errichtung der ersten Palme auf. So führten die geringe Bewegung des Wassers und die hohen Temperaturen zu einer starken Algenbildung, was wiederum einen furchtbaren Gestank auslöste. "

Abdullah (38 Jahre, Bauarbeiter aus Dubai City):

„Durch den Bau der künstlichen Inseln ergeben sich in vielerlei Hinsicht Probleme, so funktioniert an viele Stellen der natürliche Abfluss nicht mehr! Das Meer steht tagelang in kleinen Buchten. Und da die Temperaturen hier oft über 40 Grad Celsius liegen stinkt es hier zum Himmel, das ist keine gute Arbeitsatmosphäre, aber egal die Hauptsache ist, dass ich einen Job habe."

Asis (45 Jahre, Bauunternehmer aus Abu Dhabi):

„Die Anlage der künstlichen Inseln ist für Dubai sehr wichtig, da Land hier ein knappes Gut ist. Ich finde wir, die Investoren und Bauunternehmer, sind deswegen von großer Bedeutung. Natürlich wurden zu Beginn einige Fehler, hinsichtlich der Umwelt gemacht, aber die Regierung hat ja daraus Konsequenzen gezogen. So haben nur die Interessenten, des Inselprojektes „The World"[1], den Zuschlag bekommen, die einen vollständigen Infrastrukturplan mit Abfallentsorgungsplan vorlegen konnten. Ich finde das ist schon ein kleiner Schritt in die richtige Richtung. Und ich muss schon sagen, dass wir einige kleine Umweltproblem in Kauf nehmen können, denn schließlich ist die Inselgruppe „Palm Islands" eine einmalige Attraktion auf der Welt! "